Infirmation de l'Hypothèse de Riemann

Henri BERLIOCCHI

Infirmation de l'Hypothèse de Riemann

2e édition revue et corrigée avec
Gaspar MORA

ECONOMICA
49, rue Héricart, 75015 Paris

À Roseline

Remerciements à

Jean-Pierre Demailly
Fulbert Mignot
Alain Connes
Pierre Deligne
Marc Hindry
Michel Langevin
Et surtout à Pierre Cartier, Raoul Robert et Philippe Courrège

AVANT PROPOS

La première édition contenait une erreur à la page 28-5e ligne : le dernier facteur est en $K_N(u)\dfrac{1}{P^{1+u}}$ et non pas $K_N\dfrac{1}{P^{1+u}}$.

PLAN DE L'OUVRAGE

$\zeta(s)=\sum_{n\geq 1}\frac{1}{n^s}\quad \Re s>1, s\in C$

$\lambda(s)=s(s-1)\zeta(s)\Gamma\left(\frac{s}{2}\right)\pi^{-\frac{s}{2}}$

$\lambda\left(\frac{1}{2}+u\right)=\xi(u)$

iu_k suite de zéros de $\xi\ \Im iu_k>0$

L chemin entourant les réels positifs.

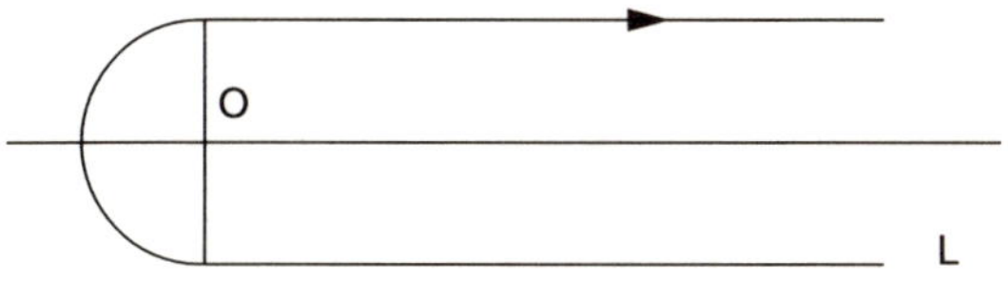

Calcul de $\int_L \frac{\xi'(u+\lambda)}{\xi(u+\lambda)}\frac{du}{(-u)^{\alpha+1}}\qquad (\Re\alpha>0)$

INTRODUCTION

Rappelons que la conjecture de Riemann dite « hypothèse de Riemann » consiste à affirmer que la fonction $\zeta(s) = \sum_{n \leq 1} \frac{1}{n^s}$ qui se prolonge en une fonction méromorphe sur le plan complexe a pour zéros autres que les entiers pairs strictement négatifs des points qui sont sur la droite $\Re s = \frac{1}{2}$. Riemann a fait cette conjecture en 1859 en l'assortissant d'un « très probablement ».

On sait [1] que ζ n'a pas de zéros sur les droites $\Re s = 0$ et $\Re s = 1$; les zéros autres que les pairs négatifs sont donc dans la bande $0 < \Re s < 1$.

Nous allons démontrer par l'absurde que l'« hypothèse de Riemann » est fausse : la fonction admet des zéros dans la bande $0 < \Re s < \frac{1}{2}$.

Nous utilisons la fonction λ de Riemann qui vaut :
$\lambda(s) = s(s-1)\zeta(s)\Gamma\left(\frac{s}{2}\right)\pi^{-\frac{s}{2}}$ qui est entière et surtout la fonction $\xi(u) = \lambda\left(\frac{1}{2} + u\right)$ qui est paire et réelle sur la droite $\Re u = 0$.

Les zéros de ξ sont les $a - \frac{1}{2}$ où a est un zéro de ζ qui n'est pas un entier pair négatif.

Soit iu_k la suite des zéros de ξ de partie imaginaire positive.

Soit L un chemin du plan complexe formé de deux demi-droites parallèles au demi axe réel positif, l'une du côté des parties imaginaires positives, l'autre du côté des parties imaginaires négatives, raccordées à un demi-cercle de centre O et de rayon $< \frac{1}{2}$, orienté dans le sens rétrograde.

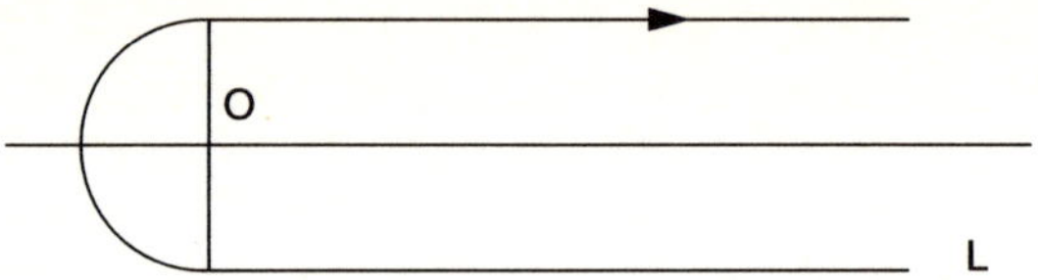

Nous utilisons la détermination du logarithme sur le plan fendu selon les réels négatifs.

Soit λ un nombre réel positif ou nul.

Chapitre 1

Calcul de $\int_L \frac{\xi'(u+\lambda)}{\xi(u+\lambda)} \frac{du}{(-u)^{\alpha+1}} \quad (\Re\alpha > 0, |\Im\lambda| < u_0)$

Nous utilisons la décomposition en produit de la fonction ξ [2].

On a $\xi(u) = C \prod_{k \in IN} \left(1 + \frac{u^2}{u_k^2}\right)$ où $C \in IR$.

Posons $u_k = v_k + iw_k, v_k, w_k$ réels $\left(|w_k| < \frac{1}{2}\right)$.

On va calculer : $$I_N(\alpha) = \frac{1}{2i\pi} \int_L \frac{\xi'_N(u+\lambda)}{\xi_N(u+\lambda)} \frac{du}{(-u)^{\alpha+1}}$$

avec : $\Re\alpha > 4\,N \in IN$ et $\xi_N(u) = C \prod_{0 \le k \le N} \left(1 + \frac{u^2}{u_k^2}\right)$.

Il vient : $$\frac{\xi'_N(u)}{\xi_N(u)} = \sum_{k \le N} \frac{\frac{2u}{u_k^2}}{1 + \frac{u^2}{u_k^2}} = \sum_{k \le N} \frac{2u}{u_k^2 + u^2}.$$

On peut appliquer le théorème des résidus pour calculer l'intégrale, en complétant une partie de L en un lacet par une portion de cercle de centre O et de rayon R assez grand.

On obtient : $$I_N(\alpha) = \sum_{k \le N} \frac{1}{(iu_k + \lambda)^{1+\alpha}} + \sum_{k \le N} \frac{1}{(-iu_k + \lambda)^{1+\alpha}}$$

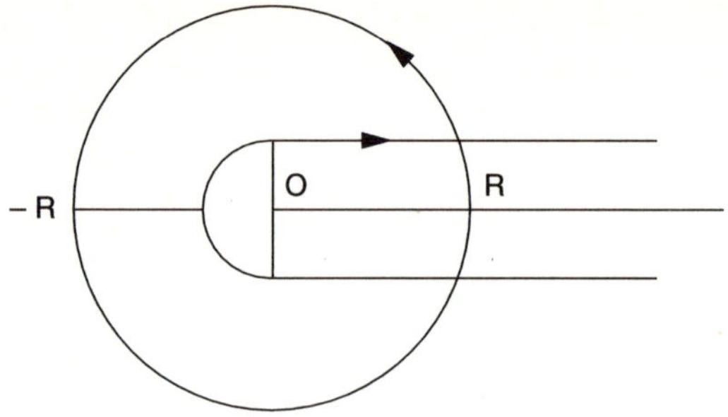

Maintenant pour le calcul de $I_N(\alpha)$, on peut remplacer L par une courbe formée d'un cercle de centre O et de rayon $< \frac{1}{2}$ raccordé à une demi-droite confondue avec les réels positifs parcourus du côté des parties imaginaires positives et la demi-droite analogue parcourue du côté des imaginaires.

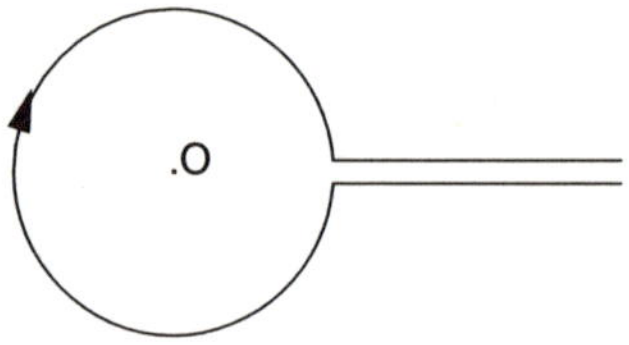

Quand $N \to \infty$, $\frac{\xi'_N(u+\lambda)}{\xi_N(u+\lambda)} \to \frac{\xi'(u+\lambda)}{\xi(u+\lambda)}$ uniformément sur le cercle.

Sur l'axe réel, on écrit :

$$\left|\frac{2(u+\lambda)}{u_k^2+(u+\lambda)^2}\right| = \left|\frac{2(u+\lambda)}{(v_k+iw_k)^2+(u+\lambda)^2}\right| = \left|\frac{2(u+\lambda)}{v_k^2-w_k^2-2iv_kw_k+(u+\lambda)^2}\right|$$

$$\leq \left|\frac{2(u+\lambda)}{v_k^2-\frac{1}{4}+(u+\lambda)^2}\right|$$

On a ainsi une convergence majorée par une fonction fixe quand $N \to \infty$.
D'où par le théorème de Lebesgue :

$$\frac{1}{2i\pi}\int_L \frac{\xi'(u+\lambda)du}{\xi(u+\lambda)(-u)^{1+\alpha}} = \sum_{k\geq 0}\frac{1}{(iu_k+\lambda)^{1+\alpha}} + \sum_{k\geq 0}\frac{1}{(-iu_k+\lambda)^{1+\alpha}}$$

On peut prolonger par holomorphie en α à $\Re\alpha > 0$ en utilisant la propriété des zéros d'une fonction entière d'ordre 1 [2].
On peut aussi prolonger par holomorphie en λ à la bande $|\Im\lambda| < u_0$.

Chapitre 2

Calcul de

$$\frac{1}{2i\pi}\int_L \frac{\zeta'(\frac{1}{2}+u+\lambda)}{\zeta(\frac{1}{2}+u+\lambda)}\frac{du}{(-u)^{1+\alpha}}$$

Nous écrivons : $\frac{\xi'(u)}{\xi(u)} = \frac{1}{u+\frac{1}{2}} + \frac{1}{u-\frac{1}{2}} + \frac{1}{2}\frac{\Gamma'\left(\frac{u+\frac{1}{2}}{2}\right)}{\Gamma\left(\frac{u+\frac{1}{2}}{2}\right)} + \frac{\zeta'(\frac{1}{2}+u)}{\zeta(\frac{1}{2}+u)} - \frac{1}{2}\ln\pi$

On a [3] $\frac{\Gamma'(s)}{\Gamma(s)} = \gamma - \frac{1}{s} + \sum_1^\infty\left(\frac{1}{n} - \frac{1}{s+n}\right)$ où γ est la constante d'Euler.

La fonction $\sum_{n=1}^{M}\left(\frac{1}{n} - \frac{1}{\frac{1}{2}+n+\lambda+n}\right)\frac{1}{(-u)^{1+\alpha}}$ est majorée par une fonction intégrable en u indépendante de M sur l'axe réel positif. Les termes $-\frac{1}{2}\ln\pi$ et $-\gamma$ donnent des intégrales nulles, le terme $\frac{1}{u+\lambda+\frac{1}{2}}$ se simplifie.

Il reste à calculer $\sum_{n=1}^{\infty}\frac{1}{2i\pi}\int_L\left(\frac{1}{n} - \frac{1}{\frac{1}{2}\left(\frac{1}{2}+u\right)+n}\right)\frac{du}{(-u)^{1+\alpha}}.$

Par le théorème des résidus, appliqué comme au chapitre 1, cette somme vaut :

$$\sum_{n\geq 1}\left(\frac{1}{\left(\frac{1}{2}+2n+\lambda\right)^{1+\alpha}}\right)$$

D'où la formule : $$\frac{1}{2i\pi}\int_L\left(\frac{\zeta'(\frac{1}{2}+u+\lambda)}{\zeta(\frac{1}{2}+u+\lambda)}+\frac{1}{\left(u+\lambda-\frac{1}{2}\right)}\frac{1}{(-u)^{1+\alpha}}\right)du$$

$$=\sum_{k\in IN}\frac{1}{\left(iu_k+\lambda\right)^{1+\alpha}}+\sum_{k\in IN}\frac{1}{\left(-iu_k+\lambda\right)^{1+\alpha}}+\sum_{n\in IN^*}\frac{1}{\left(2n+\frac{1}{2}+\lambda\right)^{1+\alpha}}$$

On peut prolonger par analycité en à un domaine contenant l'axe réel positif. On a sur ce domaine, pour : $\Re\lambda>\frac{1}{2}$

$$\frac{1}{2i\pi}\int_L\left(\frac{1}{\left(u+\lambda-\frac{1}{2}\right)}\frac{du}{(-u)^{1+\alpha}}\right)=\frac{1}{\left(\lambda-\frac{1}{2}\right)^{1+\alpha}}$$

Le second membre est analytique λ en sur un domaine évitant le point $\frac{1}{2}$ et contenant la demi-droite $\left[\frac{1}{2}+\delta,+\infty\right),\delta>0.$

Donc $\frac{1}{2i\pi}\int_L\frac{\zeta'\left(u+\lambda+\frac{1}{2}\right)}{\zeta\left(u+\lambda+\frac{1}{2}\right)}\frac{du}{(-u)^{1+\alpha}}$ est défini pour λ dans ce domaine et holomorphe en α. On en déduit la formule, pour λ dans ce domaine :

$$\frac{1}{2i\pi}\int_L\frac{\zeta'\left(u+\lambda+\frac{1}{2}\right)}{\zeta\left(u+\lambda+\frac{1}{2}\right)}\frac{du}{(-u)^{1+\alpha}}$$

$$=\frac{-1}{\left(\lambda-\frac{1}{2}\right)^{1+\alpha}}+\sum_{k\geq 0}\frac{1}{\left(iu_k+\lambda\right)^{1+\alpha}}+\sum_{k\geq 0}\frac{1}{\left(-iu_k+\lambda\right)^{1+\alpha}}+\sum_{n\geq 1}\frac{1}{\left(2n+\frac{1}{2}+\lambda\right)^{1+\alpha}}$$

Chapitre 3

Prolongement analytique explicite de $\Gamma(\alpha+1)\int_L \frac{\zeta'\left(u+\frac{1}{2}\right)}{\zeta\left(u+\frac{1}{2}\right)}\frac{du}{(-u)^{1+\alpha}}$

On sait [1] que : $\frac{\zeta'(s)}{\zeta(s)} = -\sum_{n\geq 1}\frac{\Lambda(n)}{n^s}$ avec $\Lambda(n) = \begin{cases} \ln p \text{ si n} = p^m \\ m \geq 1\, p \text{premier si } \Re s > 1. \\ 0 \text{ sinon} \end{cases}$

Il en résulte que : $\int_L \frac{\zeta'\left(u+\frac{1}{2}\right)}{\zeta\left(u+\frac{1}{2}\right)}\frac{du}{(-u)^{1+\alpha}}$ se prolonge en une fonction entière en α.

Nous allons expliciter ce prolongement grâce aux formules des chapitres précédents.

Si : $I_{\lambda,\alpha} = \Gamma(1+\alpha)\int_L \frac{\zeta'\left(u+\frac{1}{2}+\lambda\right)}{\zeta\left(u+\frac{1}{2}+\lambda\right)}\frac{du}{(-u)^{1+\alpha}}$ alors :

$$\frac{\partial}{\partial\lambda} I_{\lambda,\alpha} = \Gamma(1+\alpha)\int_L \frac{\partial}{\partial\lambda}\left(\frac{\zeta'\left(u+\frac{1}{2}+\lambda\right)}{\zeta\left(u+\frac{1}{2}+\lambda\right)}\right)\frac{du}{(-u)^{1+\alpha}}$$

$$= \Gamma(1+\alpha)\int_L \frac{\partial}{\partial u}\left(\frac{\zeta'\left(u+\frac{1}{2}+\lambda\right)}{\zeta\left(u+\frac{1}{2}+\lambda\right)}\right)\frac{du}{(-u)^{1+\alpha}}$$

$$= \Gamma(1+\alpha)(-1)\int_L \frac{\zeta'\left(u+\frac{1}{2}+\lambda\right)}{\zeta\left(u+\frac{1}{2}+\lambda\right)}\frac{(1+\alpha)du}{(-u)^{1+\alpha}}$$

(en intégrant par parties)

$$= \Gamma(2+\alpha)(-1)\int_L \frac{\zeta'\left(u+\frac{1}{2}+\lambda\right)}{\zeta\left(u+\frac{1}{2}+\lambda\right)}\frac{du}{(-u)^{2+\alpha}}$$

Donc : $$\frac{\partial}{\partial\lambda} I_{\lambda,\alpha} = -I_{\lambda,\alpha+1}.$$

Soit α avec $\Re\alpha \le 4$. On pose $\alpha = -n+\varphi(\alpha)$ avec $\Re\varphi(\alpha) \in [3,4], n \in IN$.

On a une écriture unique pour α non entier ; sinon, on a deux écritures possibles. Soit C un chemin de classe C^1 par morceaux issu de 0, évitant le point $\frac{1}{2}$ et confondu avec l'axe réel pour $\Re\lambda > \lambda_0$ $\frac{1}{2} < \lambda_0 < 1$.

Si $w \to C(w)$ est un paramétrage de $C, w \in IR^+$, avec $C(w_0) = \lambda_0; w_0 > 1$ et $\Re C(w) > 0$ pour $w > 0$, $0 < \Im C(w) < u_0$ pour $w \in]0, w_0]$.

On va calculer : $$\frac{1}{n!}\int_C \lambda^n I_{\lambda,\alpha} d\lambda, \quad 3 \le \Re\alpha \le 4.$$

Voyons d'abord que cette intégrale existe. Pour $\lambda > \lambda_0$, on a :

$$I_{\lambda,\alpha} = \Gamma(1+\alpha)\int_L \sum_{m\ge 1} \frac{\Lambda(m)}{m^{u+\frac{1}{2}+\lambda}}\frac{du}{(-u)^{1+\alpha}}$$

$$= \Gamma(1+\alpha)\sum_{m\ge 1} \frac{\Lambda(m)}{m^{\frac{1}{2}+\lambda}}\int_L \frac{1}{m^u}\frac{du}{(-u)^{1+\alpha}}$$

Cette formule est justifiée aisément pour la courbe L passant suffisamment près de zéro.

Il en résulte que $I_{\lambda,\alpha}$ a une décroissance exponentielle en λ, donc que l'intégrale peut se calculer pour tout n.

Soit maintenant α avec $\Re\alpha < 1$.

Calculons $J(\alpha) = \frac{1}{n!}\int_C \lambda^n I_{\lambda,\varphi(\alpha)} d\lambda$. On a pour $3 \leq \Re\alpha \leq 4$.

$$J(\alpha) = \int_C I_{\lambda,\alpha} d\lambda = \int_C \left(-\frac{\partial}{\partial\lambda} I_{\lambda,\alpha-1} \right) d\lambda = I_{0,\alpha-1}$$

Maintenant, $J(\alpha)$ est holomorphe en α pour la partie réelle de α strictement comprise entre deux entiers. Pour α entier, il y a deux définitions possibles pour $\varphi(\alpha)$ comme nous l'avons déjà remarqué. En intégrant par parties, on voit que ces deux définitions coïncident en utilisant la relation $\frac{\partial}{\partial\lambda} I_{\lambda,\alpha} = -I_{\lambda,\alpha+1}$.

Il en résulte par le théorème de Cauchy Morera que $J(\alpha)$ est un prolongement analytique de :

$$I_{0,\alpha-1} = \Gamma(\alpha) \int_L \frac{\zeta'\left(u + \frac{1}{2}\right)}{\zeta\left(u + \frac{1}{2}\right)} \frac{du}{(-u)^\alpha} \qquad 2 \leq \Re\alpha \leq 3$$

Nous avons ainsi explicité le prolongement analytique demandé.

Chapitre 4

Estimation asymptotique du prolongement analytique de $I_{0,\alpha}$ à $\Re\alpha < 0$

Soit α avec $\Re\alpha < 0, \alpha = -n+1+\varphi(\alpha), n \in IN$. On a :

$$\int_C \frac{\lambda^{n-1}}{(n-1)!} I_{\lambda,\varphi(\alpha)} + 1 \, d\lambda = \int_{C_1} \frac{\lambda^{n-1}}{(n-1)!} I_{\lambda,\varphi(\alpha)} + 1 \, d\lambda + \int_{\lambda_0} \frac{\lambda^{n-1}}{(n-1)!} I_{\lambda,\varphi(\alpha)} + 1 \, d\lambda$$

où C_1 est la portion de C entre 0 et λ_0. On a :

$$\int_{C_1} \lambda^{n-1} I_{\lambda,\varphi(\alpha)} + 1 \, d\lambda = \int_{C_1} \lambda^{n-1} \left[\sum_{k\geq 0} \frac{1}{(iu_k + \lambda)^{1+\varphi(\alpha)}} + \sum_{k\geq 0} \frac{1}{(-iu_k + \lambda)^{1+\varphi(\alpha)}} \right.$$

$$\left. + \sum_{n\geq 1} \frac{1}{(2n + \frac{1}{2} + \lambda)^{1+\varphi(\alpha)}} - \frac{1}{(\lambda - \frac{1}{2})^{1+\varphi(\alpha)}} \right] \Gamma(1+\varphi(\alpha)) d\lambda$$

Puis :

$$\int_{\lambda_0}^{\infty} \frac{\lambda^{n-1}}{(n-1)!} (I_{\lambda,\alpha}) d\lambda = \int_{\lambda_0}^{\infty} \frac{\lambda^{n-1}}{(n-1)!} \left(\int_L \sum_m \frac{\Lambda(m)}{m^{\frac{1}{2}+\lambda+u}} \Gamma(1+\varphi(\alpha)) \right) \frac{du}{(-u)^{1+\varphi(\alpha)}} d\lambda$$

On a :

$$\sum_m \frac{\Lambda(m)}{m^{\frac{1}{2}+\lambda+u}} \Gamma(1+\varphi(\alpha)) \frac{du}{(-u)^{1+\varphi(\alpha)}} = \sum_m \frac{\Gamma(1+\varphi(\alpha))}{m^{\frac{1}{2}+\lambda}} \int_L e^{-(\ln(m)u)} \frac{du}{(-u)^{1+\varphi(\alpha)}} \Lambda(m)$$

La fonction $\int_L e^{-(\ln(m)u)} \dfrac{du}{(-u)^{1+\beta}}$ est entière en β.

On a β si est réel négatif :

$$\int_L e^{-(\ln(m)u)} \frac{du}{(-u)^{1+\beta}} = 2\sin\pi(1+\beta)\int_0^{+\infty} e^{-(\ln(m)u)} \frac{du}{(-u)^{1+\beta}}$$

$$= -2(\sin\pi\beta)\ln(m)^{\beta}\int_0^{\infty} e^{-u} \frac{du}{(-u)^{1+\beta}}$$

$$= +2\sin\pi(1+\beta)(\ln(m)^{\beta}\Gamma(-\beta)$$

$$= +2\sin\pi(1+\beta)\Gamma(1+\beta)(\ln(m)^{\beta} = 2\frac{\pi(\ln m)^{\beta}}{\Gamma(1+\beta)}.$$

Donc
$$\int_L e^{-(\ln(m)u)} \frac{du}{(-u)^{1+\varphi(\alpha)}} = 2\frac{\pi(\ln m)^{\varphi(\alpha)}}{\Gamma(1+\varphi(\alpha))}$$

D'où :

$$\sum_{m\geq 1} \frac{\Gamma(1+\varphi(\alpha))\Lambda(m)}{m^{\frac{1}{2}+\lambda}}\left(\int_L e^{-(\ln(m)u)} \frac{du}{(-u)^{1+\varphi(\alpha)}}\right) = 2\pi\sum_{m\geq 1}\frac{\Lambda(m)}{m^{\frac{1}{2}+\lambda}}(\ln m)^{\varphi(\alpha)}.$$

On a donc à évaluer :

$$\int_{\lambda_0}^{\infty} \frac{\lambda^{n-1}}{(n-1)!}\sum_{m\geq 1}\frac{\Lambda(m)}{m^{\frac{1}{2}+\lambda}}(\ln m)^{\varphi(\alpha)}\,d\lambda = \sum_{m\geq 1}\Lambda(m)\int_{\lambda_0}^{+\infty}\frac{\lambda^{n-1}}{(n-1)!}\frac{(\ln m)^{\varphi(\alpha)}}{m^{\frac{1}{2}+\lambda}}d\lambda$$

On calcule en intégrant par parties successivement et on obtient :

$$\int_{\lambda_0}^{+\infty}\frac{\lambda^{n-1}}{(n-1)!}\frac{d\lambda}{m^{\frac{1}{2}+\lambda}} = \frac{1}{m^{\frac{1}{2}+\lambda_0}}\sum_{l=0}^{n-1}\frac{\ln(m)^{-l-1}{\lambda_0}^{n-1-l}}{(n-1-l)!}$$

$$= \frac{1}{m^{\frac{1}{2}+\lambda_0}}\ln(m)^{-n}\times\left(\sum_{l=0}^{n-1}\frac{\ln(m)^{n-l-1}{\lambda_0}^{n-1-l}}{(n-1-l)!}\right).$$

Soit $\varepsilon > 0$. Le terme $\dfrac{[(\ln m)\lambda_0]^{n-1-l}}{(n-1-l)!}$ est maximal pour $\ln m(\lambda_0) = n-1-l$.

et vaut
$$\frac{(n-1-l)^{n-l-1}}{(n-l-1)!}$$

Par la formule de Stirling, ce terme est majoré par $K\dfrac{e^{n-l-1}}{\sqrt{(n-l-1)}} \leq Ke^{n}$

Prenons m_{ε} tel que $(\ln m)^{-n+1} nKe^{n} < \varepsilon^{n}$ avec $\alpha = -n+1+\varphi(\alpha)$ pour $m \geq m_{\varepsilon}$ assez grand. Alors :

$$\left|\sum_{m \geq m_{\varepsilon}} \frac{\Lambda(m)}{m^{\frac{1}{2}+\lambda_0}} \int_{\lambda_0}^{\infty} \frac{\lambda^{n-1}}{(n-1)!} (\ln m)^{\varphi(\alpha)} d\lambda \right| \leq \varepsilon^{n} \sum_{m \geq m_{\varepsilon}} \frac{\Lambda(m)}{m^{\frac{1}{2}+\lambda_0}}$$

Évaluons maintenant la sommation jusqu'à m_{ε}. On a :

$$\sum_{l=0}^{n-1} \frac{(\ln m)^{n-1-l}}{(n-1-l)!} = m^{\lambda_0} - \frac{(\ln m)^{n} \lambda_0}{n!} m^{\theta \lambda_0} \quad 0 < \theta < 1 \text{ par la formule de Taylor.}$$

D'où : $\displaystyle\sum_{m \leq m_{\varepsilon}} \frac{\Lambda(m)}{m^{\frac{1}{2}}} \int_{\lambda_0}^{\infty} \frac{\lambda^{n-1} (\ln m)^{\varphi(\alpha)}}{(n-1)!} d\lambda = \sum_{m \leq m_{\varepsilon}} \frac{\Lambda(m)(\ln m)^{-n+\varphi(\alpha)}}{m^{\frac{1}{2}}} + R$ avec

$|R| < 3\varepsilon^{n}$

On rappelle que $\qquad \alpha = -n + \varphi(\alpha) + 1$.

On a bien sûr : $\displaystyle\sum_{m \leq m_{\varepsilon}} \frac{\Lambda(m)(\ln m)^{-n+\varphi(\alpha)}}{m^{\frac{1}{2}}} = \sum_{m \leq m_{\varepsilon}} \frac{\Lambda(m)(\ln m)^{\alpha-1}}{m^{\frac{1}{2}}}$

La partie correspondant à l'intégrale sur l'arc C_1 est aisément majorable sur les domaines que nous introduisons

(à savoir $-\Re\alpha \geq P|\Im\alpha| \quad P > 0, \Re\alpha < 0$) par $K_P^{'}\varepsilon^{n}$.

Chapitre 5

Calcul de

$$\int_D \Gamma(\alpha+1)\left(\sum_{k\geq 0}\left(\frac{1}{(iu_k)^{\alpha+1}}+\frac{1}{(-iu_k)^{\alpha+1}}\right)\right)\frac{t^{-\alpha-1}}{\sin\frac{\pi}{2}\alpha}d\alpha$$

$$t>0,\ D=\left\{\frac{1}{2}+iv \,\middle|\, v\in I\!R\right\}$$

Remarquons que l'intégrale $\int_D \Gamma(\alpha+1)\left(\frac{1}{(iu_k)^{\alpha+1}}+\frac{1}{(-iu_k)^{\alpha+1}}\right)\frac{t^{-\alpha-1}}{\sin\frac{\pi}{2}\alpha}d\alpha$ est convergente, en utilisant la formule de Stirling complexe [3] pour $\Gamma(\alpha+1)$ et que les le fait que les iu_k ont un argument très proche de $\frac{\pi}{2}$.

Soit $u>1$, nous allons commencer par calculer $\int_D \frac{\Gamma(\alpha+1)}{u^{\alpha+1}}t^{-\alpha-1}d\alpha$.

Par la méthode de Phragmen-Lindelof, $\frac{\Gamma(\alpha+1)}{u^{\alpha+1}}t^{-\alpha-1}$ va être de plus en plus petite sur des portions de cercle de centre 0 et de rayon R fermant un segment de D de plus en plus long et symétrique par rapport à l'origine, les portions de cercle étant du côté des réels négatifs.

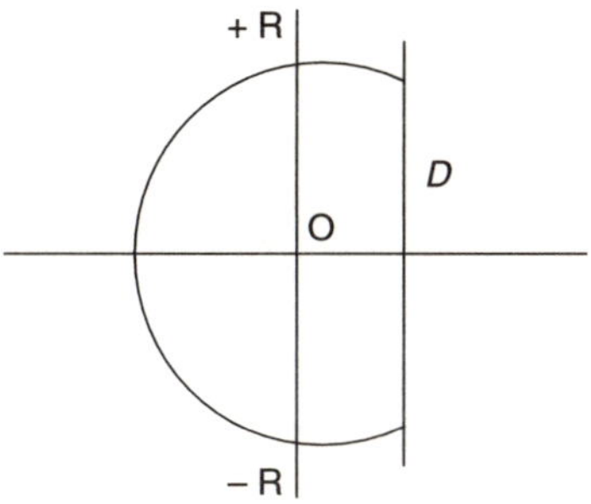

On peut donc appliquer le théorème des résidus pour obtenir

$$\frac{1}{2i\pi}\int_D \frac{\Gamma(\alpha+1)}{u^{\alpha+1}}t^{-\alpha-1}d\alpha = \sum_{n\geq 1}\frac{(-1)^{n-1}t^{n-1}u^{n-1}}{(n-1)!} = e^{-tu}$$

Maintenant pour les iu_k, on remarque que :

$$\int_D \frac{\Gamma(\alpha+1)t^{-\alpha-1}}{\sin\frac{\pi}{2}\alpha}\left(\frac{1}{(v)^{\alpha+1}}+\frac{1}{(-v)^{\alpha+1}}\right)d\alpha$$

est analytique en v sur un domaine contenant un iu avec u réel et contenant iu_k.

Il en résulte que $\int_D \frac{\Gamma(\alpha+1)t^{-\alpha-1}}{\sin\frac{\pi}{2}\alpha'}\left(\frac{1}{(iu_k)^{\alpha+1}}+\frac{1}{(-iu_k)^{\alpha+1}})\right)d\alpha = e^{-tu_k}$

D'où : $\int_D\left[\sum_{k\geq 0}\left(\frac{1}{(iu_k)^{\alpha+1}}+\frac{1}{(-iu_k)^{\alpha+1}}\right)\right]\frac{\Gamma(\alpha+1)t^{-\alpha-1}}{\sin\frac{\pi}{2}\alpha}d\alpha = \sum_{k\geq 0}e^{-tu_k}$

Cette fonction admet un prolongement analytique à $\Re t > 0$ et sa primitive seconde $\sum_{k\geq 0}\frac{e^{-tu_k}}{u_k^2}$ est continue sur $\Re t \geq 0$.

La fonction $\sum_{k\geq 0} e^{-tu_k}$ est par ailleurs réelle pour tout réel $t > 0$, ce qui donne que sa partie réelle est la demi-somme de la valeur en t et $\bar{t}$.

Chapitre 6

Prolongement méromorphe de $\sum_{k\geq 0} e^{-tu_k}$ à $\Im t > 0$

Nous allons étudier l'étude du chapitre 4 pour déterminer la partie réelle $\sum_{k\geq 0} e^{-tu_k}$ sur l'axe imaginaire, en montrant d'abord que cette fonction n'admet que des pôles que nous déterminons sur cet axe et se prolonge en une fonction méromorphe sur $\Im t > 0$.

Nous allons calculer :

$$f(t) = \int_D \frac{\sum_{k\geq 0}\left(\frac{1}{(iu_k)^{\alpha+1}} + \frac{1}{(-iu_k)^{\alpha+1}}\right)}{\sin\frac{\pi}{2}\alpha} t^{-\alpha-1}\Gamma(\alpha+1)\,d\alpha$$

$$+\int_D \frac{\Gamma(\alpha+1)}{\sin\frac{\pi}{2}\alpha}\left(\sum_{n\geq 1}\left(\frac{t^{-\alpha-1}}{(2n+\frac{1}{2})^{\alpha+1}}\right)\right)d\alpha$$

Nous avons déjà vu que la première intégrale fournit une fonction holomorphe en t pour $\Re t > 0$.

La deuxième intégrale fournit une fonction holomorphe en t sur un secteur de sommet 0, d'axe des réels positifs et d'angle inférieur à 2π

On pose :

$$\sum_{k\geq 0}\left(\frac{1}{(iu_k)^{\alpha+1}} + \frac{1}{(-iu_k)^{\alpha+1}}\right)t^{-\alpha-1}\Gamma(\alpha+1) + \Gamma(\alpha+1)t^{-\alpha-1}\sum_{n\geq 1}\left(\frac{1}{(2n+\frac{1}{2})^{\alpha+1}}\right) = G_\alpha(t)$$

Nous allons étudier $G_\alpha(t) - \sum_{m \le m_1} \frac{\Lambda(m)}{m^{\frac{1}{2}}} t^{-\alpha-1}(\ln m)^\alpha = H_\alpha(t)$.

Par l'estimation du chapitre 4, on peut utiliser la méthode de Phragmen-Lindelof |[4] pour majorer $\dfrac{H_\alpha(t)}{\sin\frac{\pi}{2}\alpha}$ par une quantité qui tend vers zéro avec le rayon sur des arcs de cercle de centre O et limités par D, situés des côtés réels négatifs.

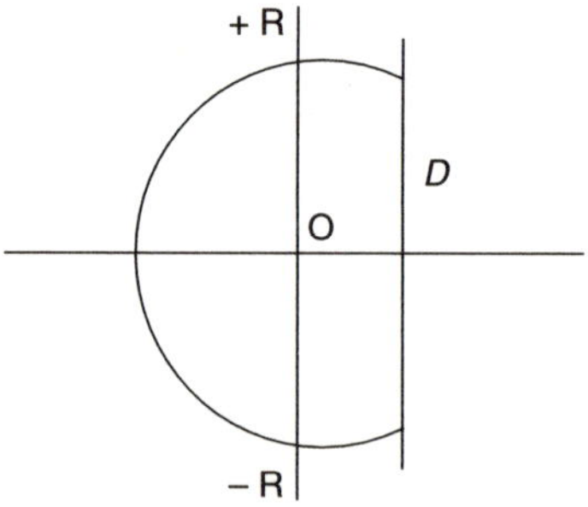

Il en résulte que $\frac{1}{2i\pi}\int_D H_\alpha(t)$ est donnée par la somme des résidus aux pôles, qui sont les zéros de $\sin\frac{\pi}{2}\alpha$, c'est-à-dire les entiers pairs puis négatifs ou nuls. Par ailleurs est réel pour α réel et t réel ; donc $\frac{1}{2i\pi}\int_D H_\alpha(t)\,d\alpha$ est réelle pour t réel, par suite la partie réelle pour $t = z$ complexe est la demi-somme de la valeur en z et $\bar{z}$.

Pour calculer $\int_D \frac{H_\alpha(t)}{\sin\frac{\pi}{2}\alpha}\,d\alpha$ nous remplaçons la demi-droite du côté qui donne des valeurs en $e^{|\Im\alpha|}$ à $\frac{1}{\left(-\frac{1}{2}\right)^{\alpha+1}}$ par une demi-droite de même origine qui est dans le domaine de $\Re\alpha < 0$.

C'est encore possible en estimant par la méthode de Phragmen-Lindelof.

À ce moment-là $\dfrac{\Gamma(\alpha+1)t^{-\alpha-1}}{\sin\frac{\pi}{2}\alpha\left(-\frac{1}{2}\right)^{\alpha+1}}$ va être intégrable. Les résidus correspondant vont donner – c'est immédiat –, une fonction holomorphe sur plan fendu suivant les réels négatifs, à cause de l'apparition de dus aux résidus aux entiers pairs négatifs.

Soit $\varepsilon > 0$ arbitraire.

Maintenant $\int_D \left(\sum_{m \leq m_\varepsilon} \frac{\Lambda(m)}{m^{\frac{1}{2}}} t^{-\alpha-1} \frac{(\ln m)^\alpha}{\sin \frac{\pi}{2}\alpha} \right) d\alpha$ va donner une somme de fonctions rationnelles ayant pour pôles les $i \ln m$.

En effet : pour $\frac{t}{\ln m} > 1$ t réel

$$\frac{1}{2i\pi} \int_D \frac{t^{-\alpha-1}(\ln m)^\alpha}{\sin \frac{\pi}{2}\alpha} d\alpha = \frac{-1}{\frac{\pi}{2}} \sum_{l \geq 1} (-1)^l (\ln m)^{2l} t^{-2l-1}$$

$$= \frac{-2}{\pi} \left(\frac{1}{1 + \left(\frac{\ln m}{t} \right)^2} - 1 \right) \left(\frac{1}{t} \right) = \frac{2}{\pi} \left(\frac{(\ln m)^2}{t^2 + (\ln m)^2} \right) \left(\frac{1}{t} \right)$$

pour $\frac{t}{\ln m} < 1$, on obtient :

$$\left(\frac{1}{t} \right) \frac{2}{\pi} \left(\frac{1}{1 + \frac{t^2}{(\ln m)^2}} \right) = \frac{2}{\pi} \left(\frac{(\ln m)^2}{t^2 + (\ln m)^2} \right) \left(\frac{1}{t} \right)$$

on prolonge ensuite analytiquement en t sur $\Im t > 0, t \neq i \ln m (\Lambda(m) \neq 0)$, $|t| < \frac{1}{2\varepsilon}$

On a dans les deux cas la même valeur. Nous allons calculer la valeur de $\Re \left(\int_D \frac{G_\alpha(t)}{\sin \frac{\pi}{2}\alpha} d\alpha \right)$ sur l'axe imaginaire du côté des imaginaires positives. Comme on l'a vu ce sera la demi-somme de la valeur en $i\Im t$ et en $-i\Im t$. Il en résulte que le terme correspondant à l'intégrale sur un secteur de $\frac{\Gamma(\alpha+1)(i\Im t)^{-\alpha-1}}{\sin \frac{\pi}{2}\alpha \left(-\frac{1}{2} \right)^{\alpha+1}}$ va donner par simplification par $\sin \frac{\pi}{2}\alpha, e^{\Im \frac{t}{2}}$

Ainsi la partie réelle de $\sum_{k\geq 0} e^{-tu_k}$ sur l'axe imaginaire positif vaut $e^{\frac{\Im t}{2}}$, sauf aux pôles $i\ln m$ où elle n'est pas définie, plus la quantité correspondant à $\sum_{n\geq 1}\int_D \frac{\Gamma(\alpha+1)}{\sin\frac{\pi}{2}\alpha}\frac{1}{\left(2n+\frac{1}{2}\right)^{1+\alpha}}(i\Im t)^{-\alpha-1}dt$ qui va donner :

$$\sum_{n\geq 1} e^{-\Im t\left(2n+\frac{1}{2}\right)} = e^{-\Im\frac{t}{2}} e^{-\Im t(2)} \frac{1}{1-e^{2\Im t}} = \frac{e^{-\frac{5}{2}\Im t}}{1-e^{-2\Im t}}.$$

Maintenant le résidu en $i\ln m$ va être égal au résidu en $i\ln m$ de $\frac{2}{\pi}\left(\frac{(\ln m)^2}{t^2+(\ln m)^2}\right)\left(\frac{1}{t}\right)$ multiplié par $\frac{\Lambda(m)}{m^{\frac{1}{2}}}$.

On écrit $\left(\frac{(\ln m)^2}{t^2+(\ln m)^2}\right) = \frac{1}{1+\frac{t^2}{(\ln m)^2}} = \frac{1}{2\left(\frac{-it}{\ln m}+1\right)} + \frac{1}{2\left(\frac{it}{\ln m}+1\right)}$

Donc ce résidu vaut $\frac{\Lambda(m)}{\pi m^{\frac{1}{2}}}$.

Enfin les pôles sont simples.

Chapitre 7

Prolongement analytique explicite de $t \to \sum_{k \geq 0} e^{-t(u_k - i\lambda)}, \lambda$ réel positif, à $\Im t > 0$

Sur l'axe imaginaire la partie réelle de $F(t) = \sum_{k \geq 0} e^{-tu_k}$ vaut pour

$$t \neq i \ln(n) \ \Lambda(n) \neq 0 \ \ e^{\frac{1}{2}\Im t} + \frac{e^{-\frac{5}{2}\Im t}}{1 - e^{-2\Im t}}.$$

$F(t)$ est par ailleurs continu en t pour $t \to iv$, v réel positif différent de $\ln(n) \ \Lambda(n) \neq 0$.

Il en résulte que l'on va pouvoir appliquer le principe de reflection de Schwarz à la fonction :

$M(-it) = iF(t) + ie^{\frac{1}{2}(-it)} + \dfrac{ie^{+\frac{5}{2}(it)}}{1 - e^{+2(it)}}$ dont la partie réelle est nulle sur l'axe imaginaire pour $t \neq i \ln n$.

On écrit : $\qquad iF(t) = -iF(+i(-it)).$

Le prolongement au point $\overline{(-it)}$ $\Im t > 0$ va être :

$$\Re\left[-iF(+i(-it)) + ie^{\frac{1}{2}(-it)} + \left(\frac{e^{+\frac{5}{2}(it)}}{1 - e^{+2(it)}}\right)i\right] - i\Im\left[-iF(+i(-it)) + ie^{\frac{1}{2}(-it)} + i\frac{e^{+\frac{5}{2}(it)}}{1 - e^{+2(it)}}\right]$$

Il suffit maintenant de multiplier par $e^{-i\lambda t}$ pour obtenir le prolongement souhaité, qui va être holomorphe en λ à t fixé et méromorphe en t à λ fixé.

Remarquons que si λ est réel on peut appliquer le principe de réflexion de Schwarz directement en effectuant d'abord les produits par $e^{-i\lambda t}$ pour $\Re t > 0$.

Chapitre 8

Prolongement en $\delta < \lambda < \frac{1}{2}$ de $\lambda \to \sum_{n \geq 2} \frac{\Lambda(n)}{n^{\frac{1}{2}+\lambda}} \left(\frac{1}{(t - i \ln n)} \right)$ $(\Re\lambda > \frac{1}{2})$ t fixé $\Im t > 0$ si $|\Im u_k| \leq \delta' < \frac{1}{2}$ $\Re t \neq 0$ $\delta > \delta'$

Pour λ réel $\Re\lambda > \frac{1}{2}$ la série à t fixé $\sum_{n \geq 2} \frac{\Lambda(n)}{n^{\frac{1}{2}+\lambda}} \left(\frac{1}{(t - i \ln n)} \right)$ est convergente.

On sépare $n = p$ premier des p^m $m \geq 2$.

Soit ε, $0 < \varepsilon < 1$. On a :

$$\sum_{p \geq 2} \frac{\ln p}{p^{\frac{1}{2}+\lambda-i\varepsilon}} \left(\frac{1}{(t - i \ln p)} \right) = -\int_2^\infty \Pi(x) \left(\frac{\ln x}{x^{\frac{1}{2}+\lambda-i\varepsilon}} \left(\frac{1}{(t - i \ln x)} \right) \right)' dx$$ où $\Pi(x)$ est le nombre de nombres premiers $\leq x$.

On a si les zéros iu_k ont une partie réelle inférieure ou égale à $\delta' < \delta < \frac{1}{2}$ $\delta' > 0, \Pi(x) = \int_2^x \frac{dv}{\ln v} + 0\left(x^{\frac{1}{2}+\delta} \right)$, (classique : Marc Hindry communication orale).

D'où :

$$\int_2^\infty \Pi(x) \left(\frac{\ln x}{x^{\frac{1}{2}+\lambda-i\varepsilon}} \left(\frac{1}{(t - i \ln x)} \right) \right)' dx$$

$$= \int_2^{\infty}\left(\int_2^{x}\frac{dv}{\ln v}\right)\left(\frac{\ln x}{x^{\frac{1}{2}+\lambda-i\varepsilon}}\left(\frac{1}{t-i\ln x}\right)\right)' dx$$

$$+\int_2^{\infty} 0(x^{\frac{1}{2}+\delta})\left[\left((\ln x)\frac{1}{x^{\frac{1}{2}+\lambda-i\varepsilon}}\right)\left(\frac{1}{t-i\ln x}\right)\right]' dx$$

Ensuite :

$$+\int_2^{\infty}\int_2^{x}\frac{dv}{\ln v}\left[\frac{\ln x}{x^{\frac{1}{2}+\lambda-i\varepsilon}}\left(\frac{1}{t-i\ln x}\right)\right]' dx$$

$$\left[\int_2^{x}\frac{dv}{\ln v}\frac{\ln x}{x^{\frac{1}{2}+\lambda-i\varepsilon}}\left(\frac{1}{t-i\ln x}\right)\right]_2^{\infty} - \int_2^{v}\frac{1}{\ln x}\frac{\ln x}{x^{\frac{1}{2}+\lambda-i\varepsilon}}\left(\frac{1}{(t-i\ln x)}\right)dx$$

$$-\int_2^{\infty}\frac{1}{x^{\frac{1}{2}+\lambda-i\varepsilon}}\left(\frac{1}{(t-i\ln x)}\right)dx$$

Les termes introduisant les $0\left(x^{\frac{1}{2}+\delta}\right)$ se prolongent aisément en une fonction holomorphe λ en pour $\Re\lambda > \delta$.

Maintenant, si l'on considère les p^m $m \geq 2$ en utilisant la même méthode d'intégration par partie, il est immédiat que l'on obtient une fonction holomorphe en λ pour $\Re t \neq 0$ $\Im t > 0$ et $\Re\lambda > \delta$.

Reste à prolonger :

$$\int_2^{\infty}\frac{1}{x^{\frac{1}{2}+\lambda-i\varepsilon}}\left(\frac{1}{(t-i\ln x)}\right)dx$$

On écrit :

$\int_2^{\infty}\frac{1}{x^{\frac{1}{2}+\lambda-i\varepsilon}}\left(\frac{1}{(t-i\ln x)}\right)dx = \int_{\ln 2}^{+\infty} e^{v(1-\frac{1}{2}-\lambda-i\varepsilon)}\frac{1}{(t-iv)}dv$ par le changement de variable $x = e^{v}$

Il vient ensuite :

$$\int_{\ln 2}^{+\infty} e^{v(1-\frac{1}{2}-\lambda+i\varepsilon)}\frac{1}{(t-iv)}dv = \int_{0}^{+\infty} e^{v(1-\frac{1}{2}-\lambda+i\varepsilon)}\frac{1}{(t-iv)}dv - \int_{0}^{\ln 2} e^{v(\frac{1}{2}-\lambda+i\varepsilon)}\frac{1}{(t-iv)}dv$$

Le dernier terme est une fonction entière en λ, holomorphe en t pour $\Im t > \ln 2$, et tendant vers zéro quand $\Im t \to \infty$.

Intégrons maintenant par parties, on obtient :

$$\int_0^{+\infty} e^{v(1-\frac{1}{2}-\lambda+i\varepsilon)} \frac{dv}{(t-iv)} = \frac{i}{\frac{1}{2}-\lambda+i\varepsilon}\left(\int_0^{\infty} e^{v(\frac{1}{2}-\lambda+i\varepsilon)} \frac{1}{(t-iv)^2} dv - \frac{1}{t}\right) (*)$$

Maintenant, par le théorème des résidus sur un quadrant limité par un grand cercle dont on fait tendre le rayon vers l'infini, on a :

$$(*) = \frac{i}{\frac{1}{2}-\lambda+i\varepsilon} \int_0^{\infty} e^{iw\left(\frac{1}{2}-\lambda+i\varepsilon\right)} \frac{1}{(t+w)^2} dw + 2i\pi e^{it\left(\frac{1}{2}-\lambda+i\varepsilon\right)} \quad \text{si } \Re t < 0 \quad \Im t > 0$$

$$(*) = \frac{1}{\frac{1}{2}-\lambda+i\varepsilon} \int_0^{\infty} \frac{e^{iw\left(\frac{1}{2}-\lambda+i\varepsilon\right)}}{(t+w)^2} dw \quad \text{si } \Re t > 0 \quad \Im t > 0$$

On peut prolonger par analycité en λ (à ε fixé) à $\delta < \Re\lambda < \frac{1}{2}$ avec $|\Im\lambda| < \varepsilon$.

Enfin, on peut faire tendre ε vers 0 pour obtenir le prolongement souhaité pour $\delta < \lambda < \frac{1}{2}$ $(t \textit{ fixé } \Re t \neq 0)$ de $\lambda \to \sum_{n \geq 2} \frac{\Lambda(n)}{n^{\frac{1}{2}+\lambda}} \left(\frac{1}{(t - i\ln n)}\right)$

Chapitre 9

Calcul de

$$t \to \sum_{k \geq 0} e^{-t(u_k - i\lambda)} - e^{-it(\frac{1}{2}-\lambda)} - \frac{e^{(+\frac{5}{2}+\lambda)it}}{1-e^{+2it}}$$

$$-\frac{1}{\pi}\sum_{n\geq 2}\frac{\Lambda(n)}{n^{\frac{1}{2}+\lambda}}\frac{1}{(t-i\ln n)} \quad \Re\lambda > \frac{1}{2} \quad \Re t > 0$$

prolongée à $\dot{a} < \lambda < \frac{1}{2} \quad \Im t > 0$ à l'aide d'un noyau de Poisson sur $\Im t \geq 1 \ |\Re t| \leq 1$ si $\sup_k |\Im u_k| < \delta \quad 0 < \delta < \frac{1}{2}$

Sur le domaine en demi-bande $\Im t \geq 1 \ |\Re t| \leq 1$ on peut définir par représentation conforme de ce domaine sur le disque unité (Rudin [4]) les fonctions majorées par $e^{\eta|t|}$ pour $\eta < \pi$ (Valiron [1]) qui sont représentées par un noyau de Poisson d'une fonction L^1 sur le bord de la demi-bande (L^1 par rapport à la variable sur le disque unité).

Nous allons voir que si $\Re\lambda > 2 \quad 0 < \varepsilon$ la fonction de t

$$G_\varepsilon^\lambda(t) = \sum_{k\geq 0} e^{-t(u_k - i\lambda - \varepsilon)} - \frac{1}{\pi}\sum_{n\geq 2}\frac{\Lambda(n)}{n^{\frac{1}{2}+\lambda-i\varepsilon}}\left(\frac{1}{t-i\ln n}\right) \text{ est majorée par } e^{\delta|t|}$$

indépendamment de $\lambda \in [2, +\infty[\cup]\delta, \frac{1}{2}[$.

Pour $\Re\lambda > 2$ la fonction est bornée sur le bord Δ du domaine et holomorphe en t.

Pour $\delta < \lambda < \frac{1}{2}$ le majorant Δ sur est $e^{\delta|t|}$.

Il suffit maintenant de montrer que $G_\varepsilon^\lambda(t)$ est donnée par un noyau de Poisson sur le domaine.

Soit $v > 0$ tel que sur la ligne brisée qui limite l'intersection d'un secteur de sommet iv et d'angle au sommet $< \frac{\pi}{4}$ orienté par les parties imaginaires négatives avec $|\Re t| < 1$, on ait que $\left|\frac{1}{\pi}\sum_{n\geq 2}\frac{\Lambda(n)}{n^{\frac{1}{2}+\lambda-i\varepsilon}}\left(\frac{1}{t-i\ln n}\right)\right|$ est majoré par $K\frac{v}{\ln v}$ pour $\Re\lambda > 2$.

On obtient de tels v par le principe des tiroirs.

On rappelle que le nombre de zéros iu_k avec $|u_k| \leq v$ est donnée par $\frac{1}{2\pi}v\ln v - \frac{1+\ln 2\pi}{2\pi}v + 0(\ln v)$. (Encyclopédia universalis, chapitre fonction zéta).

Donc sur la ligne brisée on a que $\left|\sum_{k\geq 0} e^{-t(u_k - i\lambda-\varepsilon)}\right|$ prolongée à $-1 \leq \Re t \leq 0$ est majorée par $A\frac{|\ln|t-iv||}{|t-iv|}e^{|t|\left|\frac{1}{2}-\lambda\right|}$.

Maintenant la fonction $\Re\frac{e^{-it\left(\frac{1}{2}-\lambda\right)}}{(t-iv)^{1+\eta}}$ $\frac{1}{2} > \eta > 0$ va être harmonique et donnée par son noyau de Poisson sur le domaine limité par Δ et la ligne brisée, grâce à l'expression explicite de la transformation conforme du domaine sur le disque unité (cf. Valiron [1]).

La contribution de $\Re\frac{e^{-it\left(\frac{1}{2}-\lambda\right)}}{(t-iv)^{1+\eta}}$ sur la ligne brisée à t fixé va tendre vers 0 quand $v \to \infty$ car cette fonction est positive sur le bord du domaine dépendant de v.

Il résulte de ces considérations que $G_\varepsilon^\lambda(t)$ est bornée dans la demi bande considérée (elle est bien évidemment holomorphe en t) et donnée par le noyau de Poisson.

Soit $Q(T,t)$ le noyau de Poisson sur la demi-bande transporté du cercle unité. (T sur le bord, dT la mesure de Lebesgue sur le bord Δ).

On a $\int_\Delta Q(T,t)G_\varepsilon^\lambda(T)dT = G_\varepsilon^\lambda(t)$. Si $(\Re\lambda) > 2$.

Cette égalité se prolonge à t fixé analytiquement en λ à $\delta < \lambda < \frac{1}{2}$ pour t dans la demi-bande.

Par ailleurs, quand $\varepsilon \to 0$ les deux membres convergent et

$$\int_\Delta Q(T,t)G_0^\lambda(T)\,dt = G_0^\lambda(t) \quad \delta < \lambda < \frac{1}{2}.$$

Maintenant $\int_\Delta Q(T,t)G_0^\lambda(T)\,dT$ définit une fonction harmonique à l'intérieur de la bande, alors $G_0^\lambda(t)$ est prolongé harmoniquement dans l'intérieur de la bande.

N.B. Pour l'estimation de $G_\varepsilon^\lambda(T)$ pour $T \in \Delta$, voisin de i voir le chapitre 10.

Chapitre 10

Fin de la démonstration

Par le chapitre 8, on voit maintenant que les $e^{-i\left(\frac{1}{2}-\lambda\right)t}$ dans $\Re\left(\sum_{k\geq 0} e^{-t(u_k-i\lambda)} - e^{-i\left(\frac{1}{2}-\lambda\right)t} - \frac{e^{i\left(\frac{5}{2}+\lambda\right)t}}{1-e^{2it}}\right)$ avant utilisation du lemme de Schwarz si $\lambda > +\delta$ pour $\Re t > 0$, et dans le symétrisé à $\Re t < 0$ après utilisation du lemme de Schwarz vont se transformer en un terme $-\Re\left(e^{-i\left(\frac{1}{2}-\lambda\right)t}\right)$ dans la demi-bande à droite comme à gauche de l'axe imaginaire. On peut alors retrancher la fonction $\Re\left(e^{-i\left(\frac{1}{2}-\lambda\right)t}\right)$.

La fonction est maintenant $\Re\left(\sum_{k\geq 0} e^{-t(u_k+i\lambda)} - \frac{e^{i\left(-\frac{5}{2}+\lambda\right)t}}{1-e^{2it}}\right)$

Enfin, faisons tendre t vers iv $v > 0$ à droite et à gauche de l'axe imaginaire, $v \neq \ln n$ $\Lambda(n) \neq 0$.

Considérons la différence des termes à droite et à gauche provenant de $0\left(x^{\frac{1}{2}+\delta}\right)$ (cf. chapitre 8) : elle va être majorée aisément par le théorème des résidus $0\left(x^{\frac{1}{2}+\delta}\right)$ car est holomorphe en x entre deux pôles consécutifs.

Le terme $\dfrac{e^{i\left(\frac{5}{2}+\lambda\right)(iv)}}{1-e^{2i(iv))}}$ va tendre vers zéro quand $v \to \infty$ $v \neq \ln n$ $\Lambda(n) \neq 0$

Le terme correspondant à $\int_0^\infty \dfrac{e^{iw\left(\frac{1}{2}-\lambda\right)}dw}{(t+w)^2} - \dfrac{1}{t}$ va avoir une limite en t égale à gauche comme à droite de l'axe imaginaire.

Enfin, on a à considérer la limite à gauche de l'axe imaginaire de $-\Re\left(\sum_{k \geq 0} e^{-t(u_k+i\lambda)}\right)$ et à droite de $\Re\left(\sum_{k \geq 0} e^{-t(u_k+i\lambda)}\right)$ $t \to iv$. Or ces limites diffèrent de $2e^{\left(\frac{1}{2}-\lambda\right)v}$ terme qui ne peut pas être compensé de manière à obtenir une fonction continue pour v assez grand.

CONCLUSION

Nous avons établi le :

Théorème : L'hypothèse de Riemann est fausse. La fonction $s \to \zeta(s)$ a même des zéros non triviaux dont les parties réelles ont pour point d'accumulation 0 et 1.

BIBLIOGRAPHIE

[1] Valiron, *Théorie des fonctions*, Masson.

[2] Davenport, *Multiplictive number Theory*, Lecture in advanced mathematics.

[3] Dieudonné, *Calcul infinitésimal*, Hermann

[4] Rudin, *Real and Complex Analysis,* Mc Graw Hill.

Réalisé en P.A.O. par STDI - Z. A. Route de Couterne - 53110 Lassay-les-Châteaux
N° 358805F - *Imprimé en France.* - JOUVE, 11, bd de Sébastopol, 75001 PARIS